不必戒甜！

纖食點心

好吃零負擔

石澤清美

三悅文化

前言

我最愛吃點心了。

甜點師所做的香濃洋菓子、師傅所做的高級和菓子、簡單的粗菓子等等，每天享用各種點心的下午茶時間，是我長年來的生活節奏，不可缺少的快樂時光。

隨著年齡增長，近來對身體狀況的變化感到敏感，原本帶來喜悅的點心，有時對身體造成負擔。

「那個和這個，這一種點心也愛吃」我回顧昨天與今天的飲食。

「不能吃這麼多啊」，我感到非常的有罪責感。我面對最愛的點心猶豫了一下，有時無法開心地伸手去拿。

話雖如此，我也無法忍著不吃點心，我無視那一絲後悔地吃下點心。接下來的內心掙扎又是不斷的往復循環一直重蹈覆轍。

為了往後繼續開心地享受美味的下午茶時間，我決定製作不會對身體造成負擔的點心。

不是為了誰，而是「為了自己」，自己動手做的點心。

2

不使用奶油與白糖，藉以控制甜度。

材料使用本身就有味道，並未過於精製的食材。

適當地使用含有食物纖維的食材。

最重要的一點是，在想吃的時候可以少量輕鬆製作。

這樣的點心對腸胃的負擔較少，非常輕鬆，

每一口都能吃出食材的滋味。

愈是細細品味，愈有豐富的風味擴散，

能慢慢享用，度過快樂的點心時間，

這些寶貴的點心撐起我的下午茶時光。

期望您能享受製作的樂趣，

並且品嚐簡單又豐富的美味，對我來說亦是一大樂事。

石澤清美

3

利用本書
做點心時應注意的事項

烤箱一定要先預熱！

本書中，對於水分較多的麵團，只使用最少的發粉。想要充分發揮發粉的作用，重點是一定得將烤箱預熱。像小型的電烤箱，若是放入麵團後溫度容易下降的機種，用170℃烤的話，推薦您先預熱至180℃，麵團放進烤箱後再重新設定成170℃烘烤。如此維持烤箱內溫度的步驟是必須的。如果烤箱內溫度太低麵團就不會膨脹，烤出來的形狀會癟癟的。

麵團揉不好時
請加一些油

粉類會受到當時的濕度與溫度影響，加入的水量，基本上得邊觀察情況邊斟酌添加。尤其，全麥麵粉比例多的食譜中，或許會覺得麵團不容易揉好，就算鬆散，握在手上能變成一團就行了。若是揉搓過度，或加太多水，烤起來就會太硬。麵團怎樣都揉不好時，請加一點油試試。

其他
注意事項

■使用的量匙為1大匙15ml、1小匙5ml、1杯量杯為200ml。
■標示的卡路里為大概的標準。
■作法中，像胡蘿蔔這種削不削皮都無所謂的食材並未特別提及。
■即使低卡路里，吃太多還是會胖。請適量食用。

食譜的時間只是個參考。
一定要用眼睛確認！

麵團成型後，在烘烤之前若隔了一段時間，表面會浮出油，烤得深淺不一。此外，烤箱各自特性不同，我寫的時間對有些烤箱來說會不夠，有的則是會較快烤好。食譜上的時間請當成參考，一定要用自己的雙眼確認完成。關於烘烤時間，我寫的是一般電烤箱的時間。若是旋風烤箱，烘烤時間請減少2～3成並觀察實際情形。如果嚴重深淺不一，就必須中途變更烤盤的方向。另外，時間是指600W微波爐的時間。如果是500W的請乘以1.2倍。

大部分的點心剛做好時都很好吃
保存時需注意

本書介紹的點心，基本上都是剛做好的時候最好吃（當然也有例外。不過會在食譜中說明）。隔一段時間，就會失去原有的風味，因此請儘早食用。

餅乾等點心放在烤盤上冷卻，完全冷卻後和乾燥劑一起放入可以密封的袋子或保存容器內保存。另外，像蛋糕或瑪芬蛋糕的水分較多，所以連同模具一起冷卻，冷卻後將烤盤紙取出，完全冷卻後包上保鮮膜，或裝進保鮮袋，放進冰箱保存。不過最好還是在2～3天內吃完。食用時，用電烤箱或微波爐稍微加熱一下會比較好吃。

CONTENTS

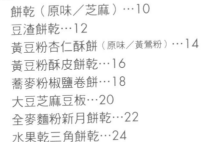

Part 3 不用奶油製作的起司蛋糕&甜點…62

Cheesecakes & Dessert

Part 4 用豆漿、豆渣、豆腐製作的健康點心…74

Sweets of soybean

Column 用人氣甘麴*製作的點心…88

Part
1

製作的烘培點心

Pound Cakes

Cookies

使用植物油與豆漿取代奶油與鮮奶油，
使用黑糖與黍砂糖*代替精製白糖的點心食譜。
消化時對胃腸的負擔較少，因此不會在胃裡停留。
儘管如此，還是得小心別吃太多！

不使用奶油、鮮奶油

Baked Cakes   **Baked Chocolate Cakes**

＊黍砂糖為精製糖的一種，類似台糖二砂，精製度低，富含礦物質

原味1片 **37** kcal

芝麻1片 **33** kcal

餅乾

咀嚼時餅乾的香味就會在口中散開。
或許您會覺得麵團很難揉,
但是得注意揉過頭、或是加水烘烤後會變硬。
麵團實在揉不好時,請加點油試試。

材料(直徑4cm的橢圓形18片份)
全麥麵粉…60g
低筋麵粉…40g
黑糖(粉末)或黍砂糖…15g
油…25g
鹽…1g(少許)
蜂蜜…15g
水…15g
手粉…少許

＊ 加芝麻時則是在作法1加入10g芝麻,以相同方式製作麵團。
用直徑4cm的菊花型模具壓22片,再以相同方式烘烤。

10

Cookies

■ 烤盤上鋪上烤盤紙。

■ 烤箱預熱到160℃。烤餅乾之前時間若是隔太久，表面會浮現油，便會烤出斑點，因此一定要事先預熱（所有餅乾皆是）。

作法

1 全麥麵粉、低筋麵粉、黑糖、鹽倒入碗中用打泡器快速攪拌（若要加入芝麻請在這個階段添加）。碗放到磅秤上，淋上需要的油（可避免沾附於容器正確地量測）。

5 使用擀麵棍按壓麵團擀成厚約3～4mm。請注意麵團要是揉過頭會變硬。

2 上下移動打泡器，像搥打般攪拌（用手揉搓也行）。

6 用撒上手粉的模具壓模。

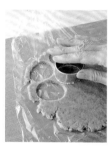

3 變成細緻的蓬鬆狀後加入蜂蜜和水再用橡膠刮勺攪拌。如果無法拌成一團，就加少許油（配方份量外）試試。

7 剩下的麵團不用揉成團，疊起來再用擀麵棍延展像**6**那樣壓模；最後的麵團用手做出相同的形狀。

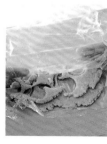

8 排在烤盤上，用叉子刺麵團讓蒸氣通過並作為點綴，用預熱到160℃的烤箱烤16～17分鐘。直接放在烤盤上冷卻。

4 保鮮膜撕大張一點，放上**3**包起來，在保鮮膜上用手將蜂蜜揉入麵團，然後揉成一團。

豆渣餅乾

豆渣和核桃的香氣與微微的甜味，
呈現餘韻無窮的好滋味。
或許炒豆渣會讓您覺得麻煩，
但是一次做好就能放進冰箱裡保存1個月。
香氣四溢、有益身體是最大的優點，請務必挑戰製作。

材料（直徑5cm的圓形模具16片份）
豆渣…30g※參照P.13的作法
核桃…25g
低筋麵粉…70g
黍砂糖…30g
鹽…1g（少許）
油…35g
豆漿…20g

12

Cookies

核桃
選擇製菓用無添加物的核桃。

作法

炒豆渣　　　　豆渣

炒豆渣的作法

100g豆渣不包保鮮膜用微波爐加熱2～3分鐘。鋪在平底鍋上用刮勺邊攪拌邊慢慢地用較弱的中火炒。炒5分鐘後，變成酥脆乾燥的狀態（變成剩35g即可）。冷卻後和乾燥劑一起放入保存用的保鮮袋，冷藏保存。也可以加入鹽與芝麻當作拌飯料使用。

＊注意　市售的豆渣粉，不適合用於這道食譜，請使用親手製的豆渣。

1 豆渣、低筋麵粉、砂糖、鹽倒入碗中用打泡器攪拌一下，再加入核桃攪拌。

2 淋上油，上下移動打泡器，像捶打般攪拌（用手揉搓也行）。變成細緻的蓬鬆狀後加入豆漿攪拌。

3 根據豆渣的乾燥程度調整添加的豆漿份量，不過要是加太多則會變硬，能夠捏成一團即可。

4 分成16等分揉成小小一團，用手做成圓形。排在烤盤上，用預熱到160℃的烤箱烤15～17分鐘。放在烤盤上冷卻。

Cookies

材料（直徑1.5cm的球形20個）
黃豆粉（或黃鶯粉）…20g
全麥麵粉或低筋麵粉…30g
杏仁粉…20g
黍砂糖…25g
油…30g
鹽…1g（少許）

準備
■ 烤盤上鋪上烤盤紙。
■ 烤箱預熱到160℃。

黃豆粉
除去炒大豆的皮所磨碎的粉。有黃大豆磨碎粉（左）、與青大豆磨碎的黃鶯粉（右）。

作法

1 全麥麵粉加上杏仁粉倒入耐熱盤快速攪拌，不用包保鮮膜，用微波爐加熱1分鐘。取出用橡膠刮勺邊攪拌邊冷卻。

2 1篩至碗中。

3 加入黃豆粉、砂糖與鹽巴用打泡器快速攪拌，淋上油，上下移動打泡器，像搥打般使其溶化在一起呈蓬鬆狀（用手揉搓也行）。

4 每1個6g用手揉成丸子。按照黃豆粉的粉末大小與粉末的水分，如果實在揉不好時，就加水或1小匙豆漿觀察情況，使之呈現一體的狀態。

5 排在烤盤上，用預熱到160℃的烤箱烤13～15分鐘。

6 直接擺在烤盤上冷卻，不過要趁尚溫熱時，依個人喜好撒上混在一起的1大匙黃豆粉與1小匙砂糖。

＊ 使用綠色黃鶯粉製作。粉粒細緻，更是入口即化。

Point

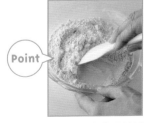

全麥麵粉與黃豆粉鋪在耐熱盤上不包保鮮膜，用微波爐加熱1分鐘，用刮勺邊攪拌邊冷卻。用平底鍋加熱避免燒焦，這個作法也行。

粉類篩至碗中，消除顆粒狀讓空氣混入，便能入口即化。

搓成小丸子。不易搓好時，加1小匙水（豆漿也行）視情況揉搓。

14

原味1個
34
kcal

黃鶯粉1個
32
kcal

黃豆粉杏仁酥餅

起初將粉末加熱，
完成品含在口中是一種散開融化的口感。
注意別燒焦，加熱至粉末變熱即可。
砂糖的量能一舉控制，
而黃豆粉豐富的甜味絲毫無損甜度。

黃豆粉酥皮餅乾

鬆軟化開的獨特口感，
是直接品嚐黃豆粉的感覺。
推薦加些微量的生薑粉，
餘味更清新喔。

wrapping idea

竹籃裡排滿裝進瑪芬杯的餅乾，放入OPP袋繫上緞帶便完成。這些材料在百元商店裡都能買到。為維持口感，一定要塞乾燥劑。

Cookies

材料（直徑4cm的梅花形25片份）
黃豆粉…50g
全麥麵粉或低筋麵粉…50g
黍砂糖…25g／鹽…1g（少許）
生薑粉…1g（少許）
油…30g／豆漿…30g
手粉…少許

準備
■ 烤盤上鋪上烤盤紙。
■ 烤箱預熱到160℃。

作法

1 黃豆粉、全麥麵粉、砂糖、鹽與生薑粉倒入碗中用打泡器攪拌。淋上油，上下移動打泡器，像搥打般攪拌（用手揉搓也行）

2 變成細緻的蓬鬆狀後加入豆漿，攪拌到變成一團為止。

3 用切成大張的保鮮膜隔開麵團，用擀麵棍壓成厚3～4mm。用撒上手粉的模具壓麵團，排在準備的烤盤上。剩下的麵團疊在一起，再擀將所有麵團壓模。最後剩下的麵團，用手捏成和其他相同的厚度。

4 拿長筷輕輕地刺穿麵團，讓空氣通過並作為點綴。用預熱到160℃的烤箱烤15～17分鐘。放在烤盤上冷卻。

生薑粉
生薑的粉末。沒有的話不加也行，能讓黃豆粉口味的點心更清新的獨家配方。此外添加紅茶或調味醬也風味十足。

Point

加了豆漿後的狀態。即使散開，能用手捏成一團就行了。無法捏成一團時，就視情況加少許油揉成一團。

用保鮮膜隔開麵團，用擀麵棍擀成厚3～4mm，用梅花模具壓模。為避免麵團沾粘，模具要先撒上手粉。

烘烤時裡面的空氣膨脹麵團會隆起，為避免烤出斑點，要用長筷刺4個點，在麵團上戳洞（稱為pique）。

Cookies

材料（16個份）

蕎麥粉…50g

低筋麵粉…50g

蛋白…1顆（約33g）

油…15g

黑糖（粉末）或黍砂糖…25g

小蘇打…2g（1/2小匙）

鹽…1g（少許）

手粉…少許

小蘇打

碳酸氫鈉。和麵粉一起使用會容易膨脹，也有烤出來的顏色變濃的效果。一定要使用「專供食用」的種類。

準備

■ 烤盤上鋪上烤盤紙。

■ 烤箱預熱到170℃。

作法

1 蛋白倒入碗中用打泡器攪散，加入油、黑糖確實攪拌。

2 蕎麥粉、低筋麵粉、小蘇打、鹽一起篩至**1**。用橡膠刮勺攪拌到變成一團。

3 每1個分成10g延展成25cm的帶狀，依下面圖片的要領做成椒鹽卷餅形、棒狀、手杖狀，然後排在準備的烤盤上。

4 放進預熱到170℃的烤箱，棒狀、手杖狀烤12～14分鐘；椒鹽卷餅形烤15～16分鐘。放在網子上冷卻。

Point

蛋白倒入碗中，用打泡器輕輕打散後，加入油與黑糖。攪拌到整體融在一起為止。

每1個以10g為標準分割麵團，在撒上手粉的砧板上延展成25cm的帶狀。

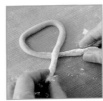

要做成椒鹽卷餅形，得讓左右兩頭在前面交叉，繞一下倒向另一邊把頭壓扁放在圓圈上。

這是完成的狀態。此外，做成棒狀、手杖狀也行。

1個
38
kcal

蕎麥粉椒鹽卷餅

爽脆的口感，烤得不算硬的一道點心。
獨特的香味是加了小蘇打的效果，
愈是咀嚼，蕎麥粉的美味愈是在口中散開。
做成鹽味也很推薦。

大豆
炒過的大豆，香氣是最大的特色。在節分撒豆時經常使用。含有很豐富的食物纖維，口感十足。

黑芝麻／白芝麻
清洗生芝麻，煎過放置乾燥。1大匙少於7g約40kcal。含有豐富的維他命、礦物質、食物纖維。

Cookies

材料（18片份）
大豆（市售品）…50g
蛋白…1顆（約33g）
黑糖（粉末）或黍砂糖…30g
杏仁粉…30g
鹽…1g（少許）
白芝麻…15g
黑芝麻…15g

準備
■ 烤盤上鋪上烤盤紙。因為容易烤焦，所以最好鋪上矽樹脂加工的類型。
■ 烤箱預熱到160℃。

作法
1 蛋白倒入碗中用打泡器輕輕攪散，加入黑糖確實攪拌。
2 加上杏仁粉、鹽、白・黑芝麻、大豆，用橡膠刮勺攪拌到變成一團為止。
3 在準備的烤盤上各放上略少於1大匙。用湯匙背面輕輕壓一下，使之變得扁平。
4 放進預熱到160℃的烤箱，慢慢烘烤18～22分鐘。取至網子上冷卻。

Point

變成一團後，以略少於1大湯匙，間隔排在準備好的烤盤上。用湯匙背面輕輕壓平。

輕輕攪開的蛋白加上黑糖，充分攪拌到看不出蛋白，加入杏仁粉、鹽、白與黑芝麻、大豆，用橡膠刮勺攪拌。

1片
39
kcal

大豆芝麻豆板

「豆板」是將大豆做成硬麥芽糖，脆脆的甜菓子。
因為想吃相同滋味的餅乾，
便加了許多大豆與芝麻製作。
雖然稍微控制甜度，但口感新奇，令人忍不住伸手拿來吃。

全麥麵粉新月餅乾

1個
60
kcal

所謂Kipferl，是奧地利的新月形麵包。
雖然需費點工夫，但做成這種形狀，
不僅兩邊香脆，中間還留有麵粉的甜味。
這種形式能一併享用全麥麵粉的甜味與香氣。

Cookies

材料（16個份）
全麥麵粉⋯50g
杏仁粉⋯50g
杏仁片⋯20g
黑糖（粉末）或黍砂糖⋯30g
鹽⋯1g（少許）
油⋯25g
水⋯15g

杏仁片
杏仁片如果還是生的
（左），就鋪在電烤
箱的烤盤上，以不會
燒焦的低火烤5分鐘
（右）。

準備
■ 烤盤上鋪上烤盤紙。
■ 烤箱預熱到160℃。
■ 杏仁片若是生的就用電烤箱的低火烤5分鐘，或用平底鍋
炒一下。

作法

1 全麥麵粉與杏仁粉倒到耐熱盤上，用微波爐加熱1分鐘，篩
至碗中。

2 加入黑糖、鹽、杏仁片，用手握住般攪拌。

3 淋上油，用手攪拌到散掉。再加水，攪拌到變成一團（用
手握住能變成一團即可）。無法變成一團時，視情況加少
許油揉搓。

4 每一個以1大匙為標準分開麵團，在兩手掌上滾動，做成兩
端細、中間略粗的棒狀。放在準備的烤盤上，稍微彎曲成
新月形。

5 用預熱到160℃的烤箱烤16～18分鐘。放在烤盤上冷卻。

Point

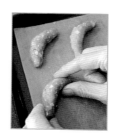

訣竅是一開始做成短
棒狀，兩端要細。若
嫌麻煩，做成圓形也
行。

稍微加點彎度。如果
斷開了，斷裂處接上
就行了。

Cookies

材料（16片份）

全麥麵粉…70g／低筋麵粉…30g／鹽…1g（少許）
油…30g／蜂蜜…35g／水…15g
乾柿…40g（1個）／梅乾…30g（2個）／手粉…少許

準備
■ 烤盤上鋪上烤盤紙。
■ 烤箱預熱到160℃。
■ 乾柿與梅乾的蒂與種子去掉，細切成5mm寬。除此之外，若是較軟的類型，選擇像無花果、杏仁、芒果等喜愛的種類即可。

乾柿／梅乾
用來做三角餅乾的水果乾，除了乾柿、梅乾以外，用藍莓、木莓、葡萄乾、無花果也可以。

作法

1 全麥麵粉、低筋麵粉、鹽倒入碗中用打泡器攪拌。淋上油，上下移動打泡器，像搥打般攪拌（用手揉搓也行）。

2 變成細緻的蓬鬆狀後，加入蜂蜜和水，用橡膠刮勺攪拌到變成一團為止。

3 撕大張保鮮膜，上面輕輕灑上手粉，放上**2**。用擀麵棍擀成橫25×直15cm的長方形。

4 梅乾與乾柿分遠近排成2列。較近的麵團連同保鮮膜拿起來，包住梅乾前面那一列。較遠的麵團也一樣，黏在2列之間。用保鮮膜將正上方的接縫包起來，用拇指與食指輕輕地捏成三角形。攤開保鮮膜，麵團從邊緣開始切成16等分。

5 用預熱到160℃的烤箱烤16～18分鐘。放在烤盤上冷卻。

Point

距麵團兩端稍微靠中央，排上細長的2列水果乾。較近的麵團連同保鮮膜拿起來，蓋在較近的水果列上面。

另一邊的麵團也連同保鮮膜一起拿起，蓋在水果列上面，兩列之間緊貼。

全部用保鮮膜包好，用兩手的拇指與食指，以接縫為頂點捏成三角形。

攤開保鮮膜，切成16等分，調整成三角形。

水果乾三角餅乾

「再來就沒新花樣了」全力調配全麥麵粉的餅乾。

為了襯托全麥麵粉樸實的甜味,

包住水果乾與蜂蜜的香味。

Triangolo在義大利語中是三角形的意思。

Pound Cakes

材料（蛋糕模具1個份）
柚子…1小顆／豆漿…120g
黍砂糖…50g／油…25g
豆渣…100g／低筋麵粉…100g
發粉…3g（1小匙）

準備

■ 在蛋糕模具上鋪紙。
百元商店有賣專用的紙，沒有
的話就拿烤盤紙配合模具大小
切割，四角切開鋪上即可。
■ 烤箱預熱到170℃。

4 攪拌均勻，加入**1**用橡膠刮勻攪拌。

5 低筋麵粉、發粉一起過篩，用橡膠刮勻充分攪拌到沒有粉末狀。

6 麵糊倒進蛋糕模中，表面撫平用長筷在中央畫出深紋路。用預熱到170℃的烤箱烤40分鐘。稍涼時取出去紙後冷卻。

作法

1 柚子切對半。用湯匙將果肉從皮挖出，剔除種子切成大塊。皮切末。總共準備50g。除了柚子，用日本國產檸檬製作也很好吃。

2 豆漿、砂糖、油倒入碗中用打泡器確實攪拌，使之乳化。

3 乳化後，加入豆渣用打泡器攪拌。

烤箱一定得預熱！

本書中，水分多的麵團，都加了最少量的發粉。為發揮發粉的作用，重點在於烤箱一定要預熱。開始烤的溫度要是太低就不會膨脹，烤出來形狀就會扁扁的。

不用蛋！
柚子奶油蛋糕

柚子的香味，瞬間放鬆緊縮的心情。
為徹底活用香味，直接切柚子添加，
烤出來的水分較多，溼潤、柔軟。
如果喜歡輕柔的口感，請減少100g豆漿。

日本茶奶油蛋糕

日本茶的香氣使不舒暢的心情煙消雲散，
適時為您加油一把。
茶的甘甜成分具有放鬆效果。
想保持平穩心情，這蛋糕會是最佳良伴。

wrapping idea

烤盤紙切成適當大小的長方形，將奶油蛋糕夾起般包住，用線（圖中為亞麻線）綁起來。在竹籃裡鋪烤盤紙裝進蛋糕，裝入OPP袋，用膠帶固定就完成了。

Pound Cakes

材料 (蛋糕模具1個份)
粉茶…7g（1.5大匙）
煮黑豆或糖煮黑豆…50g
豆渣…100g
豆漿…120g
黍砂糖…50g
油…25g
低筋麵粉…100g
發粉…3g（1小匙）

準備
■ 在蛋糕模具上鋪紙。
■ 烤箱預熱到170℃。

作法
1 黑豆放在廚房紙巾上瀝乾水分。
2 豆漿、砂糖、油倒入碗中，用打泡器確實攪拌，使之乳化。
3 加入豆渣用打泡器攪拌。
4 低筋麵粉、發粉與粉茶一起過篩，用橡膠刮勺充分攪拌到沒有粉末狀。
5 將一半的麵糊倒入準備的蛋糕模具中表面弄平。撒上一半黑豆，放上剩下的麵糊並埋進剩下的黑豆，舖平。用長筷在中央畫出深紋路。用預熱到170℃的烤箱烤40分鐘。變涼後取出去紙，放在網子上冷卻。

粉茶
日本茶磨成粉末。粉末狀容易溶解。

黑豆
不甜的比較好，要是沒有的話就使用控制甜度的種類。

Point

低筋麵粉、發粉與粉茶先混在一起再過篩。

黑豆容易破，放進一半的麵團後撒上一半黑豆，再放上剩下的麵團，將剩餘的黑豆埋進去。

不用蛋！
薄荷茶奶油蛋糕

薄荷是安定心神的特效藥。

克制不了焦躁感時，

它的香味非常有效。

此外，酸酸甜甜的藍莓出色地輔助薄荷。

搭配在一起的味道，自然不同凡響。

烤盤紙切成適當大小夾住奶油蛋糕，裝入OPP袋封口，拿紙膠帶貼個十字代替緞帶。

Pound Cakes

材料（蛋糕模具1個份）
薄荷茶…1包（2～2.5g）
藍莓乾…50g
豆渣…100g
豆漿…120g
黍砂糖…50g
油…25g
低筋麵粉…100g
發粉…3g（1小匙）

準備
■ 在蛋糕模具上鋪紙。
■ 烤箱預熱到170℃。

薄荷茶
用茶包即可。使用的茶葉若是較大，就先用研缽磨細。

藍莓乾
確認製品材料，盡可能挑選較無添加物者。

作法
1 從茶包中取出茶葉。
2 豆漿、砂糖、油倒入碗中，用打泡器確實攪拌使之乳化。
3 加入豆渣攪拌，1也加入攪拌。
4 低筋麵粉與發粉一起過篩，也加上藍莓。用橡膠刮勺充分攪拌到沒有粉末狀。
5 倒進準備的蛋糕模具中表面弄平，用長筷在中央畫出深紋路。用預熱到170℃的烤箱烤35～40分鐘。變涼後取出去紙，放在網子上冷卻。

Point

薄荷茶依製品不同有些茶葉較大，這時用研缽磨細，口感會變好。

粉類過篩後，在上面撒上藍莓。如此一來，先讓粉裹在藍莓上，再和其他材料攪拌，便容易融入麵糊中。

Pound Cakes

材料（蛋糕模具1個份）

黑芝麻…15g

枸杞…10g

梅酒（或水）…1/2大匙

松子…15g

豆渣…100g

豆漿…120g

黍砂糖…50g

油…25g

低筋麵粉…100g

發粉…3g（1小匙）

準備

■ 在蛋糕模具上鋪紙。

■ 烤箱預熱到170℃。

松子
若是生的，就鋪在電烤箱的烤盤上，用低火烤5分鐘，或用平底鍋炒一下。

枸杞子（乾燥品）
具有滋養強壯與恢復疲勞的效果，用於藥膳中。

作法

1 枸杞倒入耐熱容器灑上梅酒，包上保鮮膜用微波爐加熱30秒直接冷卻。

2 豆漿、砂糖、油倒入碗中用打泡器確實攪拌，使之乳化。

3 加入豆渣用打泡器攪拌，低筋麵粉、發粉過篩，用橡膠刮勺攪拌到沒有粉末狀。

4 麵糊分出150g，倒入其他碗中攪拌黑芝麻。倒進準備的蛋糕模具中，將斷面有趣地往中央凹下。

5 剩下的麵糊加入**1**與一半的松子，放在**4**上面弄平，用長筷在中央畫出深紋路，撒上剩下的松子。用預熱到170℃的烤箱烤35～40分鐘。變涼後取出去紙，放在網子上冷卻。

麵糊分成兩個，一個加滿芝麻，凸顯風味。

Point

混入芝麻的麵糊左右用橡膠刮勺堆起，中央凹下。

在混入芝麻的麵糊上，放上混入枸杞的麵糊弄平。

1/8塊
148
kcal

不用蛋！
黑芝麻奶油蛋糕

雖從表面看不出，但一切開，卻是色彩可愛，令人心情愉悅！
枸杞與松子，和黑芝麻都是，為肌膚帶來潤澤的食材。
在中華食材專區經常販售。

Baked Chocolate Cakes

材料（直徑15～16cm圓形模具1個份）
蛋…2顆／A（黍砂糖）…15g／B（黍砂糖）…30g
油…35g／豆漿…100g／低筋麵粉…30g／可可粉…30g

準備

■ 在模具上鋪紙。紙模用市售品即可，沒有的話拿烤盤紙貼著模具用鉛筆畫下淡淡記號，做出底用的圓形、與側面用的細長方形。
■ 烤箱預熱到170℃。
■ 蛋早一點從冰箱取出回到室溫。

作法

1 蛋分成蛋黃與蛋白。蛋白倒入碗中用電動打蛋器輕輕攪散，加入A打發。確實打發到一舀起表面就會凸起。

2 蛋黃倒入其他碗中加入B、油、豆漿，用打泡器確實攪拌使之乳化。

3 加入1的1/3份量用打泡器充分攪拌，低筋麵粉與可可粉一起過篩攪拌。

4 沒有粉末狀後，剩餘的1分2次添加。別讓泡泡消失，用橡膠刮勺從底部輕輕翻轉般攪拌，倒進準備的模具中。

5 放進預熱到170℃的烤箱烤30～40分鐘。

6 麵糊柔軟膨起會破掉，從裂縫所見部分若是乾的便是烤好了。保持在模具中放到網子上待涼，取出脫模。完全冷卻後，將紙拿掉。

Point

不只電動打蛋器，打泡時碗也要用手旋轉是訣竅所在。像圖中那樣舀起，表面凸起的話表示已充分打發。

粉類有時會結成顆粒，一起倒進萬能過濾器，邊過篩邊添加，剩下一點時，剩餘的顆粒就用手搓碎加進去。

打發的蛋白剩下的分2次添加，用橡膠刮勺從底部撈起，翻轉手腕讓麵糊落下，別將泡泡弄破，輕柔、快速地如切割般攪拌。

表面會稍微隆起破掉，從裂縫所見部分若是乾的便是烤好了。保持在模具中放到變涼，拿紙取出，完全冷卻後，將紙拿掉。

用可可和豆漿製作

巧克力蛋糕

與其說有份量，不如說是溼潤、柔軟。

輕鬆無負擔令人不自覺吃太多或許也是缺點。

蛋糕裡面可可的苦味，抑制了甜味。

若是喜歡吃甜的，

請撒上一些糖粉作為裝飾。

用可可和豆漿製作
生巧克力蛋糕

藉由蓋上的鋁箔紙與鋪在烤盤上的廚房紙巾，
如隔水般慢慢加熱，烘烤得非常溼潤。
請靜置至完全冷卻後再享用。

Baked Chocolate Cakes

材料（蛋糕模具1個份）
木綿豆腐…150g
豆漿…80g
油…15g
黑糖（粉末）或柔砂糖…75g
低筋麵粉…20g
可可粉…35g

3 低筋麵粉與可可粉一起過篩，用橡膠刮勺充分攪拌到沒有粉末狀。

準備
■ 在模具上鋪紙。
■ 烤箱預熱到160℃。
■ 烤盤上鋪上對摺的廚房紙巾。
■ 鋁箔紙切成模具範圍2倍大，對摺。

作法

1 豆腐過濾變得滑溜。

4 麵糊倒入模具中，表面弄平，放在鋪了廚房紙巾的烤盤上。鋁箔紙蓋在模具上，放進160℃的烤箱烤30〜40分鐘。

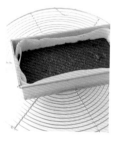

5 表面膨脹，模具傾斜麵糊也不會流出來的話便是烤好了。維持在模具中冷卻，取出去紙，放進冰箱冷藏。

2 豆漿、油、黑糖加入**1**用打泡器確實攪拌，使之乳化。黑糖有時不易溶解，這時，就算麻煩最好也要將麵糊過濾一次。

利用食物處理機還能縮短時間！

或許有人覺得過濾豆腐很麻煩。那就把材料都丟進食物處理機或攪拌器，一起攪拌至變得滑溜即可。

用可可和豆漿製作
戚風蛋糕

油減至極限的一道食譜。
戚風蛋糕的柔軟維持不變，
略帶苦味、溫和的滋味為其特色，
這也是得「注意別吃太多！」的點心。

整個可以放進盒子，
但切開分別放到圖中
的塑膠容器，繫上緞
帶，就成了精美的禮
物。2個疊起來繫上緞
帶也很可愛！

Baked Chocolate Cakes

材料（直徑15～17cm的戚風蛋糕模具1個份）
蛋…2顆／蛋白…1顆（約33g）
A（黍砂糖）…30g／B（黍砂糖）…20g
油…10g／豆漿…50g
低筋麵粉…25g／可可粉…25g
發粉…3g（1小匙）

準備
■ 蛋早一點從冰箱取出回到室溫。
■ 烤箱預熱到170℃。

作法

1 蛋分成蛋黃與蛋白。蛋白再加上1顆蛋白倒入碗中，用電動
打蛋器輕輕攪散加入A，確實打發到一舀起就會直立的程
度。

2 蛋黃倒入其他碗中，加入B、油、豆漿用打泡器充分攪拌使
之乳化。

3 加入1的1/3份量攪拌，低筋麵粉、可可粉與發粉一起過
篩，攪拌到沒有粉末狀。

4 剩餘的1分2次添加。迅速攪拌，別讓泡泡消失。倒進準備
的模具中，用竹籤在麵糊中央刺一圈，讓空氣跑出來。

5 放進預熱到170℃的烤箱烤30～40分鐘。表面柔軟膨起會破
掉，從破掉部分所見到的麵糊若是乾的便是烤好了。

6 倒過來冷卻。完全冷卻後拿竹籤或餐刀插進模具邊緣劃一
圈，將蛋糕從模具中取出。

別將泡泡弄破，用橡
膠刮勺從麵糊底部撈
起，不停翻轉手腕，
如切割般快速攪拌。

模具倒過來冷卻。這
麼做，麵體會被重力
拉扯，使不易乾癟。

用細的餐刀或竹籤
刺，在模具的中央部
分與外側劃一圈，將
蛋糕從模具中取出。

Point

Baked Chocolate Cakes

核桃
挑選未添加鹽與油
者。因為容易氧化，
所以用剩的建議您冷
凍保存。

材料（15cm的方形模具1個份）
豆渣…100g／核桃…50g
豆漿…120g
黑糖（粉末）或黍砂糖…70g
油…40g

A
┌ 低筋麵粉…70g
│ 可可粉…40g
└ 發粉…3g（1小匙）

準備

■ 在模具上鋪紙。依喜好使用圓形模具、方型模具亦可。
烤盤紙貼著模具，加上側面的高度切成四角形，四角切開
鋪在模具上。

■ 核桃切成1cm的丁。若是生的，就鋪在電烤箱的烤盤上，
用低火烤5分鐘，或用平底鍋炒一下。

■ 烤箱預熱到170℃。

作法

1 豆漿、黑糖、油倒入碗中，用打泡器確實攪拌，使之乳
化。加入豆渣充分攪拌。

2 A混在一起過篩，也加上核桃，攪拌到沒有粉末狀。

3 倒進準備的模具中，表面輕輕弄平。

4 放進預熱到170℃的烤箱烤25～35分鐘。變涼後取出去紙，
放在網子上冷卻。冷卻後切開分塊。

Point

豆漿、黑糖、油用打
泡器確實攪拌，像圖
片般白色乳化後，加
入豆渣攪拌。

低筋麵粉、可可粉與
發粉過篩，放上細切
的核桃，先將粉如塗
抹般攪拌後，整體從
底部像翻轉般攪拌，
核桃將更容易融入麵
糊中。

1/12塊
127
kcal

用可可和豆漿製作
巧克力布朗尼

明明是輕柔鬆軟，
卻因使用了豆渣，
所以口感紮實，
容易有飽足感的布朗尼。
請切成小塊享用。

Baked Cakes

材料（貝殼模具6個份）
全麥麵粉…60g ※
原味優格…70g
紅豆（市售品，加糖）…60g
油…15g
發粉…1.5g（1/2小匙）
※ 依喜好加上低筋麵粉也行。
烤起來會鬆鬆軟軟。

紅豆
市售的罐裝或殺菌袋
包裝即可。用剩的請
冷藏保存。

貝殼模具
除了不鏽鋼製，還有
矽樹脂製等種類，不
過金屬製的烤起來較
為酥軟。模具的溝紋
也要倒入油。

準備
■ 讓廚房紙巾吸油，薄薄地貼在模具上。
■ 烤箱預熱到170℃。

作法
1 紅豆倒入碗中，加入油與優格用打泡器確實攪拌。
2 全麥麵粉與發粉一起過篩，確實攪拌到沒有粉末狀。
3 麵糊倒進準備的模具中，用橡膠刮勺將表面刮平。
4 放進預熱到170℃的烤箱，烤12～15分鐘。模具翻過來，將
　成品拿到網子上，靜置冷卻。

Point

利用紅豆的甜味，因
此不加砂糖。加入優
格與油充分攪拌。

麵糊倒入模具中，表
面弄平。金屬製的模
具烤起來比較酥軟，
若是沒有，用矽樹脂
製的也行。假如使用
矽樹脂製模具，不必
倒油進去。

1個
85
kcal

用全麥麵粉和優格製作
瑪德蓮蛋糕

利用市售紅豆的甜味。
即使油控制在最少份量，藉由優格也不會乾巴巴的，
烤出來既柔軟又有彈力。

Baked Cakes

材料（直徑5cm的圓形8個份）
全麥麵粉…100g
原味優格…100g
燕麥片…50g
油…25g
蜂蜜…20g
發粉…3g（1小匙）
手粉…少許

燕麥片
燕麥麩脫殼後的燕麥
加工成易於食用。

準備
■ 烤盤上鋪上烤盤紙。
■ 烤箱預熱到170℃。

作法

1　燕麥片倒入碗中加上優格攪拌，放置2～3分鐘浸濕。

2　油與蜂蜜倒進另一只碗用打泡器確實攪拌，乳化後加入**1**充分攪拌。

3　全麥麵粉與發粉一起過篩，用橡膠刮勺像切割般攪拌到沒有粉末狀。

4　用大張保鮮膜包住麵團，用擀麵棍擀成厚2cm。用撒上手粉直徑5cm的圓形模具壓模，剩下的麵團疊起來再擀，同樣壓模。最後的碎塊用手捏成同樣的大小。

5　將**4**排在烤盤上，壓模壓到的側面，用手指輕輕往上挑起，讓它容易膨脹。

6　放進預熱到170℃的烤箱，烤15～17分鐘。冷卻後會變硬，如果沒有馬上吃，再用電烤箱或平底鍋重新加熱。

Point

將燕麥片加上優格攪拌，放置2～3分鐘浸濕。

用擀麵棍用力壓麵團，麵團會變硬，因此請輕輕地。

手粉撒在麵團的表面與模具上然後壓模。如果沒有模具，用手搓圓也可以。

用模具壓模時側面的麵團會碎掉，用手指拿起來，揉搓斷面黏著的部分，讓它鬆軟。

44

1塊
109
kcal

用全麥麵粉和優格製作
司康餅

全麥麵粉加上燕麥片充滿了食物纖維！

燕麥片是西洋粥品的材料。

用法非常簡單，保存期限很長是最大的優點。

一般食品賣場均有販售。

183 kcal

用全麥麵粉和優格製作
香料蛋糕

幾乎可代替正餐，頗有份量的蛋糕，
香料、堅果與水果乾的
美味合奏令人食指大動，
還請注意切勿食用過量。

Baked Cakes

材料（15cm的方形模具1個份）
全麥麵粉…50g
原味優格…150g
燕麥片…100g
腰果（乾烤）…50g
葡萄乾…30g
油…45g
黑糖（粉末）或黍砂糖…40g
蜂蜜…20g
肉桂…1g
丁香（粉末）…0.5g（少許）

腰果
富含維他命B₁‧B₆與鋅
等礦物質的堅果。

肉桂／丁香
上面是肉桂，下面是
丁香。若有喜歡的
香料，用其他的也可
以，沒有的話不用也
行，但可以成為味道
的強調重點。

準備
■ 在模具上鋪紙。
■ 烤箱預熱到170℃。
■ 全麥麵粉與香料混在一起。

作法
1 燕麥片倒入碗中加入優格攪拌，放置2～3分鐘浸濕。
2 腰果切碎。
3 油與黑糖倒入其他碗中用打泡器確實攪拌，使之乳化。加入蜂蜜與**1**，用橡膠刮勺充分攪拌。
4 全麥麵粉與香料一起過篩，葡萄乾與腰果也加進去，快速攪拌到沒有粉末狀。
5 將**4**用長筷逐一鬆散地塞入準備的模具中。放進預熱到170℃的烤箱，烤30～40分鐘。脫模取至網子上去紙冷卻。

Point

油與黑糖攪拌到確實
乳化，加入用優格浸
濕的燕麥片。

過篩時會留下全麥麵
粉的麥糠，這是食物
纖維與營養最豐富的
部分，因此請把篩子
翻過來加進去吧！

塞太滿會變硬，訣竅
是用長筷逐一鬆散地
塞入。

用全麥麵粉和優格製作
胡蘿蔔蛋糕

胡蘿蔔自然的甜味，與優格的酸味，形成一道爽口的滋味。
水分多、蓬鬆柔軟，
就算冷掉也很好吃，
用平底鍋加熱一下也OK。

Baked Cakes 材料（直徑15cm的圓形模具1個份）

全麥麵粉…100g
原味優格…80g
胡蘿蔔泥…100g
杏仁片…10g
黍砂糖…35g
油…20g
發粉…3g（1小匙）

胡蘿蔔泥
挑選新鮮胡蘿蔔磨成
泥。

準備
■ 在模具上鋪紙。
■ 烤箱預熱到170℃。

作法

1 杏仁片鋪在電烤箱的烤盤上以低火烤5分鐘，或用平底鍋煎一下。

2 優格、砂糖、油倒入碗中用打泡器確實攪拌，使之乳化。這時，加入胡蘿蔔泥攪拌。

3 全麥麵粉與發粉一起過篩，用橡膠刮勺充分攪拌到沒有粉末狀。

4 麵糊倒入準備的模具中，用橡膠刮勺將表面刮平。邊緣用杏仁片點綴。

5 放進預熱到170℃的烤箱烤30～40分鐘。脫模取至網子上，冷卻後切開分塊。

Point

優格、砂糖、油用打泡器確實攪拌，像圖中那樣乳化後，加入磨成泥的胡蘿蔔，仔細攪拌均勻。

麵糊倒入模具中表面弄平，邊緣用杏仁片點綴。依喜好全部撒滿也可以。

Baked Cakes

材料（蛋糕模具1個份）
全麥麵粉…100g
原味優格…100g
香蕉…淨重100g
檸檬汁…1小匙
黑糖（粉末）或黍砂糖…35g
小蘇打…4g（1小匙）
＊ 沒有小蘇打的話用1小匙發粉代替也行。
可烤出鬆軟色白的香蕉蛋糕。
油…15g

香蕉
1條中等的香蕉可食用
部分約100g。

準備
■ 在模具上鋪紙。
■ 烤箱預熱到170℃。

作法

1 香蕉用叉子弄碎，沾上檸檬汁。

2 優格、黑糖、油倒入碗中，用打泡器確實攪拌使之乳化，加入**1**攪拌。

3 全麥麵粉與小蘇打一起過篩，用橡膠刮勺從底部翻攪，攪拌到沒有粉末狀。

4 麵糊倒入準備的模具中，表面弄平。用長筷在中央畫出深紋路。放進預熱到170℃的烤箱烤35～45分鐘。脫模取至網子上，冷卻後切開分塊。

Point

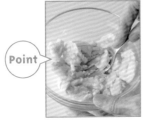

準備淨重100g的香蕉，用叉子弄碎。沾上檸檬汁可防止變色，增添風味。

優格、黑糖、油倒入碗中，用打泡器確實攪拌。油分與其他材料攪拌均勻後（稱為乳化），加入香蕉攪拌。

1/6塊
111
kcal

用全麥麵粉和優格製作
香蕉蛋糕

小時侯，媽媽做的點心都是使用小蘇打使之膨脹。
與發粉相較之下，雖然成品略顯「黑色」，
卻能讓水分多的麵糊烤得鬆鬆軟軟。
鬆軟的蛋糕，散發出點心令人懷念的香味。

1個
125
kcal

不用油！
檸檬瑪芬蛋糕

即使無油也能烤得溼潤&鬆軟的秘密在於豆渣。
拜檸檬所賜讓滋味更清爽。
要是買得到日本國產檸檬，請務必連皮一起使用。
每次咀嚼，香味都在口中輕輕散開。

準備

■ 蛋早一點從冰箱取出回溫。
■ 在瑪芬蛋糕烤盤上鋪瑪芬杯。
■ 烤箱預熱到170℃。

3 全部融合在一起後，加進檸檬汁與檸檬皮一起攪拌。

4 低筋麵粉與發粉一起過篩，用橡膠刮勺從底部翻攪，確實攪拌到沒有粉末狀。

作法

1 檸檬榨出果汁，若是日本國產檸檬，表皮搓洗乾淨用菜刀將白色部分（內皮）削掉，切末（只將黃色部分磨碎也行）。若是進口檸檬，只準備果汁即可。

2 蛋打入碗中用打泡器攪開，加入砂糖攪拌，用豆漿稀釋。加入豆渣攪拌。

5 用湯匙將麵糊塞進準備的瑪芬蛋糕烤盤上。用長筷調整形狀，表面維持鬆軟即可。放進預熱到170℃的烤箱烤16~18分鐘。

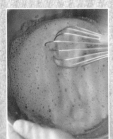

想當正餐吃

Muffins

材料（直徑5cm，6個份）

日本國產檸檬皮切末
　（或磨成泥）…1/2小匙

檸檬汁…1大匙

蛋…1顆

黍砂糖…45g

豆漿…100g

豆渣…80g

低筋麵粉…100g

發粉…3g（1小匙）

wrapping idea

打開OPP袋，將一邊
袋角對著正上方裝入
瑪芬蛋糕。袋子兩側
往左右拉，袋子前面
部分壓平，從前面往
另一邊袋口朝下摺幾
次。在摺痕綁上緞帶
即可，或用膠帶固定
也行。

53

1個
116
kcal

不用油！
南瓜瑪芬蛋糕

直接品嚐南瓜的甜味，很樸實的瑪芬蛋糕。
暖呼呼的口感，像在吃蒸南瓜，
一時心中湧現懷念之情。

不要燒焦，將加熱
的南瓜連同保鮮膜
放在抹布上，用手
揉爛。

Point

Muffins

材料 （直徑5cm，6個份）
南瓜…100g（淨重）
蛋…1顆
豆漿…60g
黍砂糖…45g
豆渣…80g
南瓜籽（市售品）…10g
低筋麵粉…100g
發粉…3g（1小匙）

準備
■ 蛋早一點從冰箱取出回溫。
■ 在瑪芬蛋糕烤盤上鋪瑪芬杯。
■ 烤箱預熱到170℃。

作法

1 南瓜切成2cm的丁狀用保鮮膜包起來，用
　微波爐加熱2分鐘變軟。放在抹布上，隔
　著保鮮膜用手揉爛。

2 蛋打入碗中用打泡器攪開，加入砂糖攪
　拌，用豆漿稀釋。

3 加入**1**攪拌，豆渣、南瓜籽也加進去攪
　拌。

4 低筋麵粉與發粉一起過篩，用橡膠刮勺
　從底部翻攪，確實攪拌到沒有粉末狀。

5 用湯匙將麵糊塞進準備的瑪芬蛋糕烤盤
　上。用長筷調整形狀。放進預熱到170℃
　的烤箱烤16～18分鐘。

不用油！
胡蘿蔔瑪芬蛋糕

1個
109
kcal

雖然冷掉也很好吃，
但用電烤箱烤一下更是美味。
敬請品嚐胡蘿蔔甘甜的香氣。

胡蘿蔔泥準備約
100g。1根中等的
胡蘿蔔約100g上
下。

Poi

Muffins

材料（直徑5cm，6個份）
胡蘿蔔泥…100g / 蛋…1顆
豆漿…50g
黍砂糖…45g
豆渣…80g
藍莓乾…20g
低筋麵粉…100g
發粉…3g（1小匙）

準備
■蛋早一點從冰箱取出回溫。
■在瑪芬蛋糕烤盤上鋪瑪芬杯。
■烤箱預熱到170度。

作法
1 蛋打入碗中用打泡器攪開，加入砂糖攪
  拌，用豆漿稀釋。
2 加入胡蘿蔔泥、豆渣攪拌，藍莓也加進
  去。
3 低筋麵粉與發粉一起過篩，用橡膠刮勺
  從底部翻攪，確實攪拌到沒有粉末狀。
4 用湯匙將麵糊塞進準備的瑪芬蛋糕烤盤
  上。用長筷調整形狀。放進預熱到170℃
  的烤箱烤16～18分鐘。

不用油！
番茄瑪芬蛋糕

1個
91
kcal

番茄與蜂蜜的香味非常搭配。
和黍砂糖相比，甜味較為節制，
水果香讓風味更豐富。

Muffins

材料（直徑5cm，6個份）
番茄罐頭…100g（1/4罐）
蛋…1顆
蜂蜜…45g
豆漿…50g
豆渣…100g
低筋麵粉…100g
發粉…3g（1小匙）

準備
■ 蛋早一點從冰箱取出回溫。
■ 在瑪芬蛋糕烤盤上鋪瑪芬杯。
■ 烤箱預熱到170℃。

從番茄罐頭取出固
體部分，用叉子弄
碎。若是塊狀維持
原樣即可。

Point

作法
1 番茄塊用叉子輕輕弄碎。
2 蛋打入碗中用打泡器攪開，加入蜂蜜攪拌，用豆漿稀釋。
3 依序加入豆渣、**1**攪拌。
4 低筋麵粉與發粉一起過篩，用橡膠刮勺從底部翻攪，確實攪拌到沒有粉末狀。
5 用湯匙將麵糊塞進準備的瑪芬蛋糕烤盤上。用長筷調整形狀。放進預熱到170℃的烤箱烤16〜18分鐘。依喜好用羅勒點綴。

添加的起司，
襯托出酪梨的滑順感。
略帶甜味，
微微的酸味，
是很適合當作早餐的
瑪芬蛋糕。

1個
127
kcal

不用油！
酪梨瑪芬蛋糕

Muffins

材料（直徑5cm，6個份）
酪梨…淨重80g（1/2顆）
檸檬汁…1小匙
加工起司…30g
蛋…1顆
黍砂糖…45g
豆漿…50g
豆渣…80g
低筋麵粉…100g
發粉…3g（1小匙）
日本國產檸檬皮切末
（或磨成泥）…1/2小匙

準備
■ 蛋早一點從冰箱取出回溫。
■ 在瑪芬蛋糕烤盤上鋪瑪芬杯。
■ 烤箱預熱到170℃。

酪梨容易變色，所
以灑上檸檬汁之後
就用叉子弄碎。

Point

作法
1 酪梨去掉皮與種子，用湯匙撈到容器
　裡。灑上檸檬汁，用叉子弄碎攪拌。加
　工起司切成6～7mm的丁狀。
2 蛋打入碗中用打泡器攪開，加入砂糖攪
　拌，用豆漿稀釋。
3 依序加入豆渣、酪梨攪拌。
4 低筋麵粉與發粉一起過篩，加入檸檬
　皮、加工起司，用橡膠刮勺從底部翻
　攪，確實攪拌到沒有粉末狀。
5 用湯匙將麵糊塞進準備的瑪芬蛋糕烤盤
　上，用長筷調整形狀。放進預熱到170℃
　的烤箱烤17～20分鐘。

1個
183
kcal

用燕麥片製作
蘋果瑪芬蛋糕

由於使用燕麥片，
所以份量飽滿、口感鬆軟。
烘烤時，麵糊要塞軟一點喔。

wrapping idea

百元商店買來的籃子裡，鋪上切成大張的蠟紙。排上瑪芬蛋糕，蓋上紙，再放上花邊餐紙。繫上麻繩。如圖用巴黎地鐵的車票點綴，寫上簡短的訊息也行。

Muffins

材料（直徑5cm，6個份）
燕麥片…50g／蘋果…淨重150g（約1/2顆）
白酒（或水）…15g／蜂蜜…30g
葡萄乾…20g／蛋…1顆／油…25g
低筋麵粉…100g／發粉…3g（1小匙）

準備
■ 蛋早一點從冰箱取出回溫。
■ 在瑪芬蛋糕烤盤上鋪瑪芬杯。
■ 烤箱預熱到170℃。

作法

1 搓洗蘋果，帶皮切成半月形。然後切片倒入耐熱碗，沾上白酒與蜂蜜。不用包保鮮膜，用微波爐加熱2分鐘。取出後攪拌30秒，會變成果醬狀，加入燕麥片與葡萄乾攪拌一下。

2 蛋打入碗中用打泡器攪開，加入油確實攪拌，使之乳化。

3 加入 **1** 充分攪拌，低筋麵粉與發粉一起過篩。用橡膠刮勺從底部翻攪，攪拌到沒有粉末狀。

4 用湯匙將麵糊塞進準備的瑪芬蛋糕烤盤上，用長筷調整形狀。放進預熱到170℃的烤箱烤17～20分鐘。

Point

沾上增添風味的白酒、蜂蜜的蘋果不包保鮮膜，用微波爐加熱2分鐘，用刮勺攪拌會變成果醬狀，再加入燕麥片與葡萄乾攪拌。

攪開的蛋加上油確實用打泡器攪拌，加入含有溼潤燕麥片的麵糊充分攪拌。

用湯匙將麵糊塞進瑪芬蛋糕烤盤裡。這時，盛得滿滿的是烤出鬆軟瑪芬蛋糕的訣竅。用長筷調整形狀狀會更好。

用燕麥片製作
香蕉瑪芬蛋糕

1個 158 kcal

用來做點心的香蕉，
最好是表皮出現黑色斑點
的「芝麻蕉」。
烤出來甜度、香味加倍濃郁喔。

材料（直徑5cm，6個份）
燕麥片50g／香蕉淨重150g
檸檬汁1大匙／蜂蜜25g
蛋1顆／油25g／低筋麵粉100g
發粉3g（1小匙）

Muffins

作法

1 香蕉切成一口大小，倒入耐熱碗
   中。沾上檸檬汁與蜂蜜，放進微波
   爐。不包保鮮膜加熱2分鐘。取出
   用橡膠刮勺攪拌30秒，變成果醬狀
   後，加入燕麥片攪拌一下。

2 蛋打入碗中用打泡器攪開，加入油
   確實攪拌，使之乳化。

3 加入1充分攪拌，低筋麵粉與發粉一
   起過篩。用橡膠刮勺從底部翻攪，
   攪拌到沒有粉末狀。

4 用湯匙將麵糊鬆軟地塞進準備的瑪
   芬蛋糕烤盤上，放進預熱到170℃的
   烤箱烤17～20分鐘。

用燕麥片製作3種瑪芬蛋糕的準備
■ 蛋早一點從冰箱取出回溫。
■ 在瑪芬蛋糕烤盤上鋪瑪芬杯。
■ 烤箱預熱到170℃。

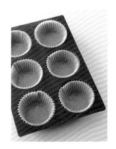

用燕麥片製作
芒果瑪芬蛋糕

1個
199
kcal

雖然不會反映在烘烤的顏色上，
但只要嚐一口，
芒果香就會在口中散開。
熱帶的酸味令人印象深刻。

材料（直徑5cm，6個份）
燕麥片50g／芒果淨重150g
蜂蜜30g／腰果30g
蛋1顆／油25g／低筋麵粉100g
發粉3g（1小匙）

作法

1 挑選成熟的芒果，橫切薄片種子
取下，剝皮。切成大塊倒入耐熱碗
中，沾上蜂蜜放進微波爐，不包保
鮮膜加熱2分鐘。取出用橡膠刮勺攪
拌30秒，變成果醬狀後加入燕麥片
攪拌一下。

2 腰果切成5mm的丁狀。若是生的就
鋪在電烤箱的烤盤上，低火烤5分鐘
後切碎。

3 蛋打入碗中用打泡器攪開，加入油
確實攪拌，使之乳化。

4 加入**1**充分攪拌，低筋麵粉與發粉
一起過篩。腰果也加進去，用橡膠
刮勺從底部翻攪，攪拌到沒有粉末
狀。

5 用湯匙將麵糊鬆軟地塞進準備的瑪
芬蛋糕烤盤上，放進預熱到170℃的
烤箱烤17～20分鐘。

用燕麥片製作
草莓瑪芬蛋糕

1個
170
kcal

草莓烤得熟透。
每次咀嚼化在口中的酸甜滋味
與顆粒感令人欣喜！

材料（直徑5cm，6個份）
燕麥片50g／草莓150g
紅酒5g（1小匙）／蜂蜜30g
蛋1顆／油25g／低筋麵粉100g
發粉3g（1小匙）

作法

1 草莓蒂頭摘掉切成4～6等分，倒入
耐熱碗中。沾上紅酒與蜂蜜放進微
波爐，不包保鮮膜加熱2分鐘。取出
用橡膠刮勺攪拌30秒，變成果醬狀
後加入燕麥片攪拌一下。

2 蛋打入碗中用打泡器攪開，加入油
確實攪拌，使之乳化。

3 加入**1**充分攪拌，低筋麵粉與發粉一
起過篩。用橡膠刮勺從底部翻攪，
攪拌到沒有粉末狀。

4 用湯匙將麵糊鬆軟地塞進準備的瑪
芬蛋糕烤盤上，放進預熱到170℃的
烤箱烤17～20分鐘。

起司蛋糕&甜點

Cheesecakes

材料（直徑15cm的圓形模具1個份）

A ┌ 蛋白…1顆
　 └ 黍砂糖…10g

B ┌ 加工起司…100g
　 └ 牛奶…100g

蛋黃…1顆
黍砂糖…40g
檸檬汁…1小匙
全麥麵粉或低筋麵粉…30g

準備
- 蛋、牛奶早一點從冰箱取出回溫。
- 在模具上鋪紙。
- 烤箱預熱到160℃。

作法

1 A的蛋白倒入碗中用電動打蛋器輕輕攪散，加入砂糖。確實打發到一舀起就會直立的程度。

2 B的起司切成6mm厚再對切，倒入耐熱碗中。倒入一半的牛奶放進微波爐，不包保鮮膜加熱1分30秒。先取出充分攪拌，再加熱1分30秒然後取出。用力攪拌讓起司融化，倒入剩下的牛奶稀釋成滑溜狀。

4 全麥麵粉過篩確實攪拌，加入檸檬汁。

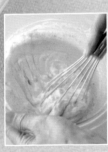

5 1分成2次添加，輕柔地攪拌別弄破泡泡。

3 再依序加入砂糖、蛋黃充分攪拌。

6 將麵糊倒入鋪紙的模具中，放進預熱到160℃的烤箱烤30分鐘。表面膨脹變成淡茶褐色便是烤好了。維持在模具中冷卻放進冰箱，冷藏後切開分塊。

不用奶油製作的

Part 3

**1/6塊
131
kcal**

用加工起司製作
牛奶起司蛋糕

烤得爽口、無負擔，

卻餘味無窮，大人小孩都喜歡的蛋糕。

多次嘗試製作，成了富含牛奶的一道食譜。

請注意如果烤太久就會變硬，鹹味也會變重。

黑芝麻與可可同時使用，
讓香氣四溢！
有助於預防生活習慣病的食物纖維與
多酚非常豐富。

1/6塊
145
kcal

用加工起司製作
黑芝麻＆可可起司蛋糕

材料（直徑15cm的圓形模具1個份）

A ┌ 蛋白…1顆
  └ 黍砂糖…10g

B ┌ 加工起司…100g
  └ 牛奶…100g

蛋黃…1顆
黍砂糖…40g
黑芝麻…15g
可可粉…8g
低筋麵粉…20g

準備
■ 蛋、牛奶從冰箱取出回溫。
■ 在模具上鋪紙。
■ 烤箱預熱到160℃。

Cheesecakes

作法

1 以P.62中**1**的要領將砂糖加入蛋白中打
  發。以**2**的要領攪拌起司與牛奶直到變得
  滑順。

2 在滑順的起司麵糊中加入蛋黃、砂糖、
  芝麻、可可粉、低筋麵粉，用打泡器攪
  拌均勻。

3 打得綿密的蛋白分成2次加入**2**，輕柔地
  攪拌別弄破泡泡。

4 將麵糊倒入準備的模具中，放進預熱到
  160℃的烤箱烤30分鐘。維持在模具中冷
  卻放進冰箱，冷藏後切開。

比起剛烤好時，先在冰箱裡放一晚，
入味後會更好吃。
添加的黃豆粉香味，更襯出甜味。

1/6塊
143
kcal

用加工起司製作
日本茶起司蛋糕

材料（直徑15cm的圓形模具1個份）

A ⎡ 蛋白…1顆
　 ⎣ 黍砂糖…10g

B ⎡ 加工起司…100g
　 ⎣ 牛奶…100g

蛋黃…1顆
黍砂糖…50g
粉茶…5g
黃鶯粉或黃豆粉…15g
低筋麵粉…15g

準備
■ 蛋、牛奶從冰箱取出回溫。
■ 在模具上鋪紙。
■ 烤箱預熱到160℃。

Cheesecakes

作法

1 以P.62中**1**的要領將砂糖加入蛋白中打發。以**2**的要領攪拌起司與牛奶直到變得滑順。

2 在滑順的起司麵糊中加入蛋黃、砂糖、粉茶、黃豆粉、低筋麵粉，用打泡器攪拌均勻。

3 打得綿密的蛋白分成2次加入**2**，輕柔地攪拌別弄破泡泡。

4 將麵糊倒入準備的模具中，放進預熱到160℃的烤箱烤30分鐘。維持在模具中冷卻放進冰箱，冷藏後切開。

脫水優格
起司蛋糕

雖是用烘烤的，卻是罕見的口感。
由於容易變硬，訣竅在於需以低溫烘烤，
別烤出太深的顏色。
水分較多，一定要冷卻後切開分塊。
在此使用食物處理機，
用攪拌器或用研缽研磨也行。

Cheesecakes

材料（直徑15cm的圓形模具1個份）

原味優格…300g
木棉豆腐…100g
蛋…1顆
黍砂糖…50g
檸檬汁…1小匙
日本國產檸檬皮切末（或磨成泥）…1/2小匙
全麥麵粉或低筋麵粉…30g

準備
- 蛋、豆腐早一點從冰箱取出回溫。
- 在模具上鋪紙。
- 烤箱預熱到160℃。

作法

1 篩子放在比篩子小一點的碗上，鋪上厚廚房紙巾。放上優格，在變成約200g之前，瀝乾水分1小時。豆腐隔著扁平的盤子瀝乾水分直到約80g為止。放上優格的碗壓著即可（用微波爐加熱1分鐘也行）。

2 包含1的所有材料倒進食物處理機，攪拌到變得滑順。

3 將麵糊倒入準備的模具中，用預熱到160℃的烤箱烤30～35分鐘。表面膨脹，烤成極淡的顏色即可。

4 維持在模具中冷卻，放進冰箱冷藏後切開分塊。

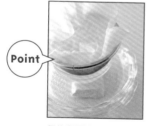  

Point

優格與豆腐同時瀝乾水分。底下接水的碗上放上篩子，鋪上廚房紙巾再放上優格。在扁平的盤子上夾著的豆腐上面放上前者，拿來壓著。

所有材料倒進食物處理機攪拌到變得滑順。有的話用攪拌器也行，沒有的話用研缽研磨亦可。

麵糊倒入準備的模具中，放進預熱到160℃的烤箱烤30～35分鐘。烤太久會變硬，大豆的臭味會變重，因此烤成極淡的顏色即可。

Dessert

若是能拆下底部的模具就會漏出液體，因此請準備底部無法拆卸的模具。用缽或碗製作，舀起裝盛也是個辦法。

寒天粉
比起寒天棒更容易溶於水中，使用簡單。

材料（直徑15cm的圓形模具1個份）
原味優格…400g
木棉豆腐…100g
黍砂糖…40g
蜂蜜…20g
檸檬汁…1小匙
寒天粉…4g

準備
■ 模具準備底部無法拆卸的類型。

作法

1 篩子放在比篩子小一點的碗上，鋪上厚廚房紙巾。放上優格，在變成約300g之前，瀝乾水分1小時（瀝出的水先保留別倒掉）。豆腐隔著扁平的盤子瀝乾水分直到約80g為止。放上優格的碗壓著即可（用微波爐加熱1分鐘也行）。

2 1的優格、豆腐、砂糖、蜂蜜與檸檬汁倒入食物處理機，攪拌到變得滑順。

3 從1的優格瀝出的水分加水添至200ml，倒進鍋內。撒上寒天粉用橡膠刮勺輕輕攪拌，以中火加熱。煮開後轉成小火煮1分鐘，把火關掉。加入2攪拌到變得滑順。

4 輕輕地持續攪拌2分鐘，變黏稠後再倒入模具中。稍微冷卻再放進冰箱，冷藏超過1小時取至盤子上。依喜好用水果或香草點綴，切開分塊。

Point

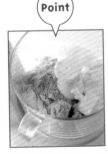

優格、豆腐、砂糖、蜂蜜、檸檬汁倒入食物處理機，攪拌到變得滑順。使用攪拌器或研缽也可以。

從優格瀝出的水分加水添至200ml倒進鍋中，加入寒天粉快速攪拌溶解。

以中火邊攪拌邊煮。沸騰後將火轉小煮1分鐘。

加入優格糊，持續攪拌2分鐘。開始變黏稠後，倒進模具中，冷卻後放進冰箱冷藏。

脫水優格
豆腐寒天蛋糕

1/6塊
90
kcal

清淡的口味很舒服，
時常想嚐一口的寒天蛋糕。
請活用檸檬的酸味！

Dessert

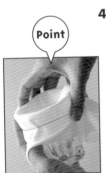

煉乳
使用常見的軟管包裝
即可。

材料（4個份）
原味優格…200g
蛋白…1顆（約33g）
黍砂糖…15g
煉乳（加糖）…30g

作法

1 厚廚房紙巾，或隨意裁剪的乾淨紗布蓋在玻璃杯上，稍微
凹下，用橡皮筋固定。

2 蛋白倒入碗中用電動打蛋器輕輕攪散，加入砂糖。確實打
發到一舀起表面就會凸起。

3 優格倒入碗中加入煉乳攪拌。再加入**2**用橡膠刮勺輕柔地
攪拌，用湯匙盛到準備好的玻璃杯中。

4 整個玻璃杯放進冰箱，花3小時瀝乾水分，盛到盤子上。依
喜好添加草莓等水果。

Point

廚房紙巾蓋在玻璃杯
上，中央稍微凹下用橡
皮筋固定。

煉乳加入優格中攪拌，
再加入確實打發的蛋
白。用橡膠刮勺輕柔地
攪拌，別弄破泡泡。

冰箱裡的玻璃杯為避免
傾倒，放在缸子或盆子
裡，放上做好的優格
糊，瀝乾水分。

冷藏3小時水分瀝乾後
是最佳的食用時機。取
下廚房紙巾倒過來盛到
盤子上。

脫水優格
天使乳酪

只需優格打發的簡單甜點。
入口即化的虛幻感受令人忍不住。
酸味與隱約的甜味呈現絕妙的平衡。

1個
164
kcal

脫水優格
提拉米蘇

提拉米蘇的美味雖然特別，
卻也有許多卡路里與糖質，
僅借助明膠只用優格製作，
結果非常好吃！

Dessert

明膠片
片狀容易溶解，若只
有明膠粉時，2.5g（少
於1小匙）撒入加倍的
水中浸泡以相同方式
使用。

材料（4個份）
原味優格…400g
明膠片…2片
白酒（梅酒或水也行）…1大匙
煉乳（加糖）…100g
檸檬汁…2小匙
A ┌ 可可粉…1大匙
　└ 黃豆粉…1大匙

作法
1 篩子放在比篩子小一點的碗上，鋪上厚廚房紙巾。放上優
　格瀝乾水分1小時。變成約300g即可。
2 明膠片浸在足以浸泡的水中。變軟後，輕輕瀝乾水分倒入
　耐熱容器，加入白酒，用微波爐加熱2分鐘溶解（視情況打
　發也行）。
3 1、煉乳與檸檬汁倒入碗中，用打泡器攪拌至變得滑順。
4 加入2一起攪拌，分別倒入玻璃杯中放進冰箱。冷藏1小時
　以上，A加在一起，食用前用茶葉濾網撒上。

Point

明膠片泡在能完成浸泡
的水量中3分鐘復原。
變軟拉不破即可。

瀝乾水分的優格倒入碗
中加上煉乳與檸檬汁攪
拌。

溶解的明膠加入優格糊
中一起攪拌，分別倒入
玻璃杯中。放進冰箱，
冷藏1小時以上。

豆腐製作的健康點心

香蕉
挑選出現許多黑色斑點的芝麻蕉，甜度較高。加熱後越發香甜。

Sweets of soybean

材料（3～4個份）
豆漿…150g
香蕉…淨重100g（約1根）
黑糖（粉末）或黍砂糖…20g
蛋液…1顆

作法

1 香蕉搗碎倒入耐熱碗，不包保鮮膜用微波爐加熱1分鐘。加入黑糖用叉子攪碎。

2 1的黑糖溶解變涼後，加入蛋攪拌用豆漿稀釋。倒入耐熱容器或布丁模具。

3 在大一點的鍋子底部鋪廚房紙巾，排上2的容器。倒入布丁液一半高度的熱水，用大火煮。煮開後蓋上蓋子，用小火蒸7分鐘，把火關掉再燜20分鐘。依喜好用沾上檸檬汁的香蕉點綴。冷藏後再吃也很美味。

Point

香蕉用微波爐加熱後，甜度更增。用微波爐加熱後加入黑糖，用叉子充分攪碎，溶解黑糖。

用叉子攪碎，會變成果醬狀。香蕉加熱後再使用，甜度倍增。

使用可以蓋上鍋蓋的大鍋，底部鋪廚房紙巾別讓容器滑動，放上容器，倒入裡面的布丁液一半高度的熱水，用大火蒸。

用豆漿、豆渣、

用豆漿製作
香蕉布丁

與香蕉組合，豆漿的發酵味不再令人介意，
即使控制少糖，甜味也令人充分滿足。

Sweets of soybean

材料（凝固成型盒1個或布丁模具4個份）
豆漿…100g
椰奶…100g
紅豆（市售品，加糖）…100g
蛋液…2顆

椰奶
除了罐裝，也有粉末狀的。用剩的可分裝在小容器內，放進冰箱可保存1個月。除了做點心，加在咖哩中也很美味。

準備
■ 水倒進蒸籠煮到蒸氣冒出。

作法

1 豆漿、椰奶、紅豆倒入碗中充分攪拌，蛋用篩子邊過濾邊加入攪拌。攪拌到變得滑順後，倒入凝固成型盒或布丁模具。

2 1放入蒸氣騰騰的蒸籠裡，用小火蒸10分鐘。布丁模具則是蒸6～7分鐘。

3 冷卻後放進冰箱冷藏。從模具中取出切成易於食用的大小，依喜好用薄荷點綴。

Point

蛋液用篩子過濾後，蛋黃與蛋白便會均勻混合，容易與其他材料混在一起。用橡膠刮勺過濾到最後。

放進蒸氣騰騰的蒸籠裡蒸。如果沒有圖中這種蒸籠，就倒進耐熱容器，像P.74的香蕉布丁只用鍋子蒸也可以。

1/6塊
95
kcal

用豆漿製作
紅豆椰奶異國布丁

越南料理中眾所周知的椰奶紅豆湯
直接做成布丁。
冷熱皆宜，可口美味。

Sweets of soybean

材料（4個份）
豆渣…50g
全麥麵粉…100g
發粉…3g（1小匙）
黑糖（粉末）或黍砂糖…40g
鹽…1g（少許）
豆漿…60〜65g
手粉、油…各少許

作法

1 全麥麵粉、發粉、黑糖、鹽倒入碗中用橡膠刮勺快速攪拌，加入豆渣攪拌。再視情況加入豆漿，攪成一團時不要發黏。最後用手揉成一團。

2 麵團分成4等分，放到撒上手粉的砧板上。因為容易出現裂痕，請慢慢地做成繩子狀。兩手指尖稍微延展讓表面光滑，長度延伸到18cm。

3 麵團兩端稍微壓扁重疊，覆蓋上眼前的麵團，讓麵團黏在一起，做成甜甜圈的形狀。

4 直徑26cm的平底鍋上鋪廚房紙巾沾上一點油，排上**3**。開略強的中火加熱1分鐘，平底鍋變熱後倒入50ml的水別淋到麵團。立刻蓋上鍋蓋，轉成較弱的中火，烘烤3分鐘直到水分消失。

5 甜甜圈膨起後，拿開鍋蓋關火，將平底鍋放在濕抹布上，別讓甜甜圈底部燒焦，放置3分鐘。表面變乾，變得不黏手再取出。

用豆渣製作
全麥麵粉甜甜圈

用平底鍋烘烤，
轉眼間就膨脹了。
想吃的時候立刻就能完成的甜甜圈。
豐盈的彈力，
與微微的甜味是魅力所在。

使用小蘇打，香味令人懷念的鬆軟麵包。
雖然無油，但藉由豆腐即使冷掉也很滋潤。
要是沒有蒸籠，用微波爐也能製作。

1個
107
kcal

用豆腐製作
芝麻麵包

Sweets of soybean

材料（6個份）
木棉豆腐⋯100g
蛋液⋯1顆
黑糖（粉末）或黍砂糖⋯30g
全麥麵粉或低筋麵粉⋯100g
小蘇打⋯3g（1小匙）
白芝麻⋯1大匙

準備
■ 瑪芬杯放進布丁模具或小容器
中。
■ 水倒入蒸籠裡煮到冒出蒸氣。

作法
1 用手將豆腐弄碎倒入碗中。加入蛋液、
黑糖用打泡器將豆腐攪拌磨碎。
2 全麥麵粉與小蘇打一起過篩，芝麻也加
進去攪拌到沒有粉末狀。
3 用湯匙將麵糊塞進準備的瑪芬杯中達八
分滿。
4 3放入蒸氣騰騰的蒸籠裡，用大火蒸10
分鐘。拿竹籤刺麵體，不會沾上的話就
是蒸好了。用微波爐加熱時，一次加熱3
個。輕輕地包上保鮮膜，視情況加熱2～
3分鐘即可。

粉烤出厚厚一層，鬆軟的和菓子風味可麗餅。
請細細品味全麥麵粉的甜味。

1人份（3塊）
207
kcal

用豆漿製作
Q彈可麗餅

Sweets of soybean

材料（2人份）
全麥麵粉…50g
黑糖（粉末）或黍砂糖…10g
鹽…1g（少許）
豆漿…150g

作法
1 全麥麵粉、黑糖與鹽倒入碗中再倒入豆
  漿，用打泡器充分攪拌。
2 平底鍋鋪上廚房紙巾沾上薄薄一層油，
  用多於一勺大湯匙的**1**倒一個圓形，用小
  火慢慢煎。煎出顏色後翻面繼續煎，最
  後從邊緣捲起來盛到盤子上。
3 以同樣方式煎所有麵團，依喜好撒上黃
  豆粉。淋上一些糖蜜也行。

豆渣加上蕃薯與太白粉
做出口感絕佳的丸子。
剛煮好時僅僅撒上黃豆粉也很可口。
如果嫌用烤的麻煩，請煮好再沾上醬汁。

1串
99
kcal

用豆渣製作
御手洗丸子

Sweets of soybean

材料（5串）

豆渣…35g

蕃薯…100g

低筋麵粉…20g

太白粉…20g

A
┌ 太白粉…5g
│ 醬油…4大匙
│ 味醂…2大匙
└ 黑糖（粉末）或黍砂糖…10g

作法

1 蕃薯用滿滿的熱水煮軟（沾濕用保鮮膜包好，用微波爐加熱也行）。變軟後用擀麵棍擀碎，加入豆渣、低筋麵粉、太白粉用橡膠刮勺攪拌，分成20等分，搓圓。

2 鍋子煮一大鍋熱水，倒入**1**。丸子會逐漸浮起，然後再煮2分鐘，撈到廚房紙巾上把熱水瀝乾。

3 每4個用竹籤刺成一串，放在加熱的平底鍋上，兩面煎一下煎到變色。

4 A的太白粉與黑糖倒入耐熱容器，慢慢倒入醬油滑順地溶解。味醂也加入攪拌，不包保鮮膜用微波爐加熱1分鐘。先取出攪拌，再加熱30～40秒。煮滾之後，取出來用力攪拌。變黏稠後淋在**3**上面。

103
1口
kcal

用豆渣製作
核桃餅

Sweets of soybean

材料（6口）
豆渣…50g
核桃…30g／馬鈴薯…150g
黑糖（粉末）或黍砂糖…30g
太白粉…20g

A ⎡ 黃豆粉…2大匙
　 ⎣ 黑糖（粉末）或黍砂糖…2小匙

馬鈴薯與豆渣揉合在一起，一道簡單的點心。
很容易變硬，請趁著剛做好時享用。
變硬之後，用保鮮膜包起來
以微波爐加熱30～40秒就會變軟。

作法
1 核桃若是生的就鋪在電烤箱的烤盤上用
　 低火烤5分鐘，切成5mm的丁。
2 馬鈴薯也去皮磨碎。倒入耐熱碗加入黑
　 糖、太白粉、豆渣、2.5大匙的水（配方
　 分量外）攪拌。
3 包上保鮮膜用微波爐加熱2分鐘。先取出
　 用木刮勺攪拌整體，再加熱2分鐘。
4 由於很Q彈，木刮勺得沾濕再攪拌整體，
　 加入核桃繼續攪拌。
5 隔著切成大張的保鮮膜，用擀麵棍壓平
　 調整形狀。拿掉保鮮膜，塗上攪拌在一
　 起的A，切成一口大小。

1個
87
kcal

用豆渣製作
小銅鑼燒

豆渣的作用造成鬆軟的口感，
將餅皮當成煎餅享用，
也十分好吃。

Sweets of soybean

材料（6個份）

豆渣…60g／蛋…1顆

A ┌ 蜂蜜…30g
　└ 水…60g

低筋麵粉…60g／發粉…1.5g（1/2小匙）

山芋…50g／黍砂糖…9g（1大匙）

鹽…1g（少許）／粉茶…1g

作法

1 蛋打入碗中用打泡器攪開，加入A攪拌。融合後加入豆渣攪拌。

2 低筋麵粉與發粉一起過篩，用橡膠刮勺從底部翻攪，攪拌到沒有粉末狀。

3 用小火加熱平底鍋，用大湯匙將**2**每一勺倒成圓形。表面出現小洞就翻面，兩面烤成淡茶褐色。

4 山芋去皮切成7mm厚的半月形蒸煮。變軟後將湯汁倒掉，轉到大火，邊搖晃鍋子邊乾燒。

5 用叉子搗碎，加入砂糖與鹽用刮勺攪拌。砂糖溶解後會滲出水分，再用中火煮，攪拌到有沉滯感，蒸散水氣。把火關掉，變涼後加入粉茶攪拌。

6 用**3**夾入適量的**5**。

Point

大湯匙1勺的麵糊倒進加熱的平底鍋呈圓形。不用倒油進平底鍋。

麵糊的表面出現小洞，邊緣烤出顏色後，上下翻面。剩下的麵糊也以相同要領煎烤。

作為內餡的山芋去皮，切成7mm厚的半月形，和滿滿的水一起倒進鍋內煮到變軟。

乾燒的山芋用叉子搗碎加入砂糖與鹽攪拌。滲出水分後，轉成中火蒸散水氣。變涼後加入粉茶，攪拌到變得滑順。

Sweets of soybean

材料（8個份）
豆渣…50g／蜜栗子…8個／蛋液…30g（1/2個）
黑糖（粉末）或黍砂糖…25g／低筋麵粉…50g
發粉…1.5g（1/2小匙）／手粉…少許

準備
■ 水倒進蒸籠，煮到冒出蒸氣。

作法

1 栗子放在廚房紙巾上瀝乾水分。準備8張切成邊長5cm的烤盤紙。

2 蛋液倒入碗中加入黑糖，用打泡器攪拌，加入豆渣。充分攪拌後低筋麵粉與發粉一起過篩，用橡膠刮勻攪拌到變得滑順。

3 麵團分成8等分搓圓。麵團會發黏，因此得邊撒上手粉邊捏成圓形，栗子放在中央，以下述圖片中的要領包好。閉合處朝下，放在1的烤盤紙上。

4 把3放進蒸氣騰騰的蒸籠裡，以中火蒸10分鐘。依個人喜好，冷卻後用烤過的鐵籤碰觸描出耳朵，取極少的紅色食用色素溶於水中畫眼睛，做成兔子會更加可愛。

麵團搓成比栗子大一點的圓形。

用左手拇指壓栗子，右手輕輕握住麵團旋轉，周圍便會隆起。

左手拇指移開，將麵團捏住閉合，以兩手滾動搓圓。

另外，用雙手調整成橢圓形。

閉合處朝下放在切好的烤盤紙上。

連同紙放在冒出蒸氣的蒸籠裡，蒸10分鐘。

用豆渣製作
栗子饅頭

想要烤得鬆軟，
水分多一點讓皮黏糊才是正確作法。
邊撒手粉邊迅速包好吧。

用人氣甘麴製作的點心

雖然甘麴（甜酒）算甜，醣類份量卻沒那麼多，
是不易發胖的食材。可調整腸內細菌，
也能期待維持健康體態的效果，
因此我特地思考能活用於點心的食譜。

親手做甘麴意外地簡單！

市面上以甜酒的名稱販售，但價錢比較
貴，如果在家裡自己做，放進冰箱可保存
2週。做出的甘麴水分較少，有些黏性。
當作甜酒喝時可加熱水稀釋，或用攪拌器
攪到滑順再飲用。

2　加入弄散的麴。

發酵前先弄散。

Point

乾燥米麴
可在食品賣場購入的
片狀乾燥麴。

3　用木刮勺
充分攪拌。

材料　乾燥米麴…200g／米180ml（1杯）

作法

4　蓋上蓋子，用2
條厚浴巾包住鍋子
（用發泡苯乙烯的
盒子也行），放置4
小時以上發酵。完
成後大力攪拌，倒
進保存容器，放進
冰箱保存。

1　洗米和400ml的
水倒入鍋內，靜置
30分鐘。以中火煮鍋
子，煮開後轉成小
火，炊煮15分鐘（鍋
蓋稍微移開）。倒入
200ml的水攪拌1分
鐘，冷卻到80℃上
下。

甘麴寒天

全部
262
kcal

甘麴號稱食用的點滴,
含有豐富的葡萄糖與維他命B$_1$,
對疲憊的身體極有好處。
這一道是以充滿食物纖維的寒天
凝固而成。
請切成喜愛的形狀。

材料(凝固成型盒1個份)
寒天粉…2g(1/2小匙)
甘麴…150g
枸杞…10g

寒天粉
雖然寒天棒需泡水還
原,但寒天粉只要撒
入水中不費工夫。凝
固力也很強。

1 200ml的水倒入
鍋中撒入寒天粉,
攪拌溶解。轉到中
火,煮開後轉成小
火,邊攪拌邊煮1分
鐘。

2 加入甘麴充分攪
拌。

3 加入枸杞,攪拌
一下把火關掉。輕
輕攪拌到變涼,倒
入凝固成型盒。置
於室溫下或放進冰
箱,凝固後隨意切
成適合的大小。

1個
85
kcal

甘麴布丁

活用甘麴的甜味，蛋液裡不加砂糖。
雖然滴上糖蜜會使卡路里較高，
卻十分可口。

材料（4個份）
甘麴…100g
蛋…1顆
牛奶…150g
糖蜜…少許

準備
■ 水倒入蒸籠煮到冒出蒸氣。

作法

1 蛋打入碗中，用長筷攪散。加入甘麴、牛奶用橡膠刮勻攪拌到變得滑順。倒進布丁杯。另外，用攪拌器將甘麴與牛奶攪拌至滑順後加入蛋，完成光滑細膩的口感。

2 將**1**排在準備的蒸籠裡，蓋上蓋子以小火蒸10分鐘（像P.74的香蕉布丁採隔水加熱也行）。

3 蒸好直接吃也可以，放進冰箱冷藏再吃也行。要吃時淋上糖蜜。

90

1片
53
kcal

甘麴煎餅

細膩的口感令人印象深刻。
像和菓子般的薄片煎餅。
撒上黃豆粉享用吧！

材料（12片份）
甘麴…150g
豆漿…60g
鹽…1g（少許）
低筋麵粉…100g
發粉…3g（1小匙）
黃豆粉…少許

作法
1 甘麴、豆漿與鹽倒入碗中用打泡器滑順地溶解。
2 低筋麵粉與發粉過篩，攪拌到沒有粉末狀。
3 平底鍋加熱，大湯匙1勺多倒成圓形，以較弱的中火煎烤。煎出顏色後翻面，烤到恰到好處。剩下的麵團也同樣煎烤。
4 煎餅盛到盤子上，撒上黃豆粉。

從甜酒進化的
2種飲料

日本的江戶時代，甜酒是夏季風情詩。
這1杯可以療癒因酷熱而疲憊的身體。
在此將為您介紹，冬夏皆能享用
可取代點心的飲品。

甘麴番茄拉昔*

甜味與酸味取得平衡，
有益身體的飲料。

1人份
102
kcal

材料（1人份）與作法
甘麴50g、番茄汁150g、檸檬汁1小匙
倒入攪拌器攪拌到變得滑順。依喜好
添加檸檬薄圓片。

* 拉昔：印度乳酪

甘麴可可

1人份
138
kcal

解毒作用強的飲料。
若是在意浮腫，推薦您試試這個。

材料（1人份）與作法
甘麴50g、可可粉5g、豆漿100g倒入鍋
中，轉到中火加熱。有攪拌器的話可
攪拌得很滑順。甜味較為控制，依喜
好加1小匙黍砂糖也行。

92

本書使用的**主要食材**

關於材料應記住的重點整理成筆記。
除此之外的材料，會盡量在刊載的食譜中介紹。

麵粉類

使用精製度低的全麥麵粉，和方便使用的低筋麵粉這2種。

全麥麵粉

小麥全部碾成粉。和只使用小麥胚乳的普通麵粉相比，特色是營養價值高。由於含有表皮與胚芽，不僅食物纖維為低筋麵粉的將近3倍，也富含維他命B₁。本書中使用高筋麵粉的全麥麵粉（沒有的話用低筋麵粉的全麥麵粉也行）。

油

本書中的「油」與點心皆使用菜籽油（或是芥花油）。芥花油是藉由品種改良產生的菜籽，由此種菜種製作的油，嚴格說來，與當成菜籽油販售的油品成分略有差異。兩者皆富含油酸這種抗氧化成分，此外還有豐富的維他命E與K。

砂糖類

使用精製度低，人體可緩慢吸收的黑糖或黍砂糖（或甜菜糖）。

黑糖（粉末）

挑選加工成粉末狀的類型。特色是糖分低，礦物質多。購買時，請確認是否由甘蔗的榨汁製作而成。

黍砂糖

由甘蔗的榨汁精製過程中的砂糖液製作的砂糖。保留甘蔗的風味與礦物質。依喜好使用甜菜糖（原料為甜菜）也行。

此外需留意的重點

- 豆漿使用非基因改造的大豆未經加工者。
- 可可粉請使用無糖的種類。
- 鹽不用所謂的「食鹽」，而是使用富含礦物質的「粗鹽」。
- 堅果類請選擇不添加油與食鹽的種類。
- 水果乾最好使用無漂白者。

本書使用的 **主要用具**

做點心所需用具整理成筆記。
請在清潔的狀態下使用。

篩子

將材料過篩消除顆粒，混入空氣，以求烤得鬆鬆軟軟。用市面販售的「萬能過濾器」即可。

碗

有不鏽鋼製，用微波爐加熱時所需的耐熱玻璃製2種。不鏽鋼製有直徑約27cm、20cm、15cm共大中小3種，非常方便。

磅秤·量匙

做點心的第一步就是測量。本書中幾乎所有材料皆以g標示。就算麻煩，也請測量材料。如P.11的**1**所介紹的，要加油與蜂蜜時，放上整個碗，邊看磅秤邊添加就能加入正確的份量。推薦您使用圖中這種上面可放碗的磅秤。量匙建議使用不鏽鋼製。

橡膠刮勺·刮刀

橡膠刮勺具耐熱性，刮勺部分與握柄一體成型的容易清潔。刮刀在從碗中刮出麵團時，或要在麵團上劃下切痕時很方便。

打泡器·電動打蛋器

想確實打發蛋白用電動打蛋器很方便。打泡器最好有一個，可在打蛋，攪拌材料時使用。

擀麵棍

擀平材料時使用。

烤盤紙

配合模具或烤箱的烤盤大小切割鋪上，讓點心不沾粘。有可反覆使用與拋棄式2種類型。此外也有各種素材，鋪在模具上的使用玻璃紙類型。剛烤好時麵體會緊貼，請在冷卻後再撕下。另外，模具用的敷紙在百元商店或網路商店都很容易取得。

網子

用於冷卻烤好的點心。

94

本書使用的 **模具**

做點心所需的模具整理成筆記。近來透過網路購物等管道，可比較各種款式，購買時很方便。

較大的模具

- **圓形模具**（直徑約15cm） 分別是底部有洞、沒有洞這2種，大部分的蛋糕都用這個製作。
- **方形模具**（邊長15cm） 若是使用直徑15cm圓形模具的食譜，可用這種方形模具烘烤。
- **蛋糕模具**（18×8×高6cm） 市面上常見的尺寸。
- **戚風蛋糕模具**（直徑15cm） 底部可拆卸的類型。

較小的模具

- **瑪芬杯** 用來製作瑪芬蛋糕。油與粉末會塗在模具上，鋪上這個，就不會攝取到多餘的卡路里。
- **布丁模具** 直徑約5cm。
- **瑪德蓮蛋糕模具** 圖中為貝殼模具。要是沒有，使用鋁箔紙的瑪德蓮蛋糕模具也行。
- **瑪芬蛋糕烤盤** 直徑約5cm的6個模具為一組。雖是鋪上瑪芬杯使用，沒有的話用紙杯也行。

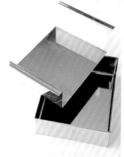

壓模

圖中由近至遠為直徑約4cm的菊花模具、梅花模具、橢圓模具、直徑5cm的cercle（法式圓形壓模）。模具挑選喜歡的形狀即可。

凝固成型盒

14×11cm。讓食材凝固時使用，便於取出，很方便的模具。

PROFILE

石澤清美 ISHIZAWA KIYOMI

料理家。國際中醫師。從每日的餐點、保存食物、麵包到點心，拿手項目非常廣泛。1天必吃1次以上的甜點愛好者，既然要吃，便思考如何吃得健康，不斷地反覆試作。著作有「おからレシピ」、「糖質オフだからふとらないお菓子レシピ」、「I LOVE CHEESECAKES 大好き！チーズケーキ」、「new チョコレートのお菓子 大切な人との2人分レシピ」、「はじめての手作りパン」、「決定版 はじめての漬け物と梅干し」、「保存版 たれソース ドレッシング」（皆為主婦之友社出版）等。
網址為http://www.kiyomi-ishizawa.com

TITLE

不必戒甜！纖食點心好吃零負擔

STAFF

出版	三悅文化圖書事業有限公司
作者	石澤清美
譯者	闕韻哲
總編輯	郭湘齡
責任編輯	黃思婷
文字編輯	黃美玉　莊薇熙
美術編輯	謝彥如
排版	黃家澄
製版	昇昇興業股份有限公司
印刷	皇甫彩藝印刷股份有限公司
法律顧問	經兆國際法律事務所　黃沛聲律師
代理發行	瑞昇文化事業股份有限公司
地址	新北市中和區景平路464巷2弄1-4號
電話	(02)2945-3191
傳真	(02)2945-3190
網址	www.rising-books.com.tw
e-Mail	resing@ms34.hinet.net
劃撥帳號	19598343
戶名	瑞昇文化事業股份有限公司
初版日期	2015年8月
定價	220元

ORIGINAL JAPANESE EDITION STAFF

裝丁・本文デザイン	矢代明美
攝影	榎本 修
スタイリング	石川美加子
栄養計算	黒川麗華
編集担当	神谷裕子（主婦の友社）

國家圖書館出版品預行編目資料

不必戒甜!纖食點心好吃零負擔 / 石澤清美作 ; 闕韻哲譯. -- 初版. -- 新北市 : 三悅文化圖書, 2015.08
96 面 ; 14.8 x 21 公分
ISBN 978-986-5959-99-9(平裝)
1.點心食譜

427.16   104013176

MAINICHI TABETEMO FUTORANAI KARADA NI YASASHII OKASHI
© KIYOMI ISHIZAWA 2014
Originally published in Japan in 2014 by SHUFUNOTOMO CO.,LTD.
Chinese translation rights arranged through DAIKOUSHA INC.,Kawagoe.